Abdelhafid Mimouni

Desafios e inovações bio-inorgânicos

Abdelhafid Mimouni

Desafios e inovações bio-inorgânicos

ScienciaScripts

Imprint

Any brand names and product names mentioned in this book are subject to trademark, brand or patent protection and are trademarks or registered trademarks of their respective holders. The use of brand names, product names, common names, trade names, product descriptions etc. even without a particular marking in this work is in no way to be construed to mean that such names may be regarded as unrestricted in respect of trademark and brand protection legislation and could thus be used by anyone.

Cover image: www.ingimage.com

This book is a translation from the original published under ISBN 978-620-6-72528-2.

Publisher:
Sciencia Scripts
is a trademark of
Dodo Books Indian Ocean Ltd. and OmniScriptum S.R.L publishing group

120 High Road, East Finchley, London, N2 9ED, United Kingdom
Str. Armeneasca 28/1, office 1, Chisinau MD-2012, Republic of Moldova, Europe
Printed at: see last page
ISBN: 978-620-8-24064-6

Desafios e inovações bio-inorgânicos

Autor : Dr. Abdelhafid Mimouni

Investigador independente em química bioinorgânica, o Dr. Mimouni é especialista em síntese e caraterização macromolecular. Obteve o seu doutoramento em Química pela Universidade de Paris XII em 1997, após um Diplôme des Études Approfondies em Sistemas Bioinorgânicos pela Universidade de Paris XI em 1993, onde também obteve a sua Licenciatura e Mestrado em Química.

Resumo: Este livro trata da química bioinorgânica em cinco capítulos. O primeiro apresenta o papel dos elementos inorgânicos nos sistemas biológicos e a conceção de moléculas bioactivas. O segundo centra-se nos inibidores de peptídeos deformilase, destacando o trabalho de Isabelle Artaud. O terceiro capítulo explora os dadores de enxofre e a sua importância biológica, com uma análise das contribuições de Isabelle Artaud. O quarto capítulo trata da aplicação da espetroscopia de absorção de raios X (XAS) ao estudo de complexos metálicos, enquanto o quinto discute desafios e inovações recentes na química bioinorgânica.

Dedicado a : Dedico este trabalho a Isabelle Artaud, minha antiga professora de bioinorgânica, cujo ensino em 1993 influenciou profundamente a minha compreensão desta disciplina e que tem sido uma fonte de inspiração ao longo da minha carreira de investigação.

Esboço do livro:

Introdução

Contexto geral

A química bioinorgânica desempenha um papel fundamental no desenvolvimento de novas moléculas, nomeadamente para as suas aplicações em diversos domínios, como a investigação biomédica, agroalimentar e os materiais funcionais. Esta disciplina caracteriza-se pelo estudo das interações entre elementos inorgânicos e sistemas biológicos, permitindo a conceção de moléculas capazes de modular processos biológicos complexos. A importância deste ramo da química reside na sua capacidade de oferecer soluções inovadoras para a criação de novas entidades químicas com propriedades bioactivas.

São muitos **os desafios que se colocam atualmente à** conceção de moléculas terapêuticas. Estes desafios incluem a crescente resistência aos antibióticos, a necessidade de novas abordagens para combater doenças difíceis de tratar e a crescente complexidade das estruturas moleculares necessárias para interagir eficazmente com alvos biológicos específicos. Os investigadores têm de ultrapassar os obstáculos técnicos e científicos para desenvolver moléculas que sejam não só eficazes, mas também seguras e adequadas para um tratamento a longo prazo.

Objectivos do livro

Este livro tem como objetivo **explorar as inovações na conceção de moléculas bioactivas**, destacando os recentes avanços no domínio da química bioinorgânica. Centrando-se em exemplos específicos, fornecerá uma visão geral das estratégias actuais utilizadas para conceber moléculas com actividades biológicas significativas.

Um dos principais objectivos é **examinar os casos específicos dos inibidores da deformilase peptídica** e **dos dadores de enxofre**. Os inibidores da deformilase peptídica, por exemplo, são compostos promissores no combate às infecções bacterianas, enquanto os dadores de enxofre desempenham um papel crucial na regulação de várias funções biológicas. Através de uma análise pormenorizada destes compostos, este livro procurará demonstrar como as abordagens orientadas podem conduzir a inovações significativas no desenvolvimento de novas moléculas.

Esta introdução estabelece as bases da química bioinorgânica, destacando o seu papel crucial no desenvolvimento de novas moléculas. Fornece um quadro para explorar em pormenor os inibidores de peptídeos deformilase e os dadores de enxofre. Ao introduzir definições essenciais e ao fornecer referências relevantes, guia o leitor através dos conceitos fundamentais e dos recentes avanços neste fascinante domínio.

Parte 1: Fundamentos da Química Bio-Inorgânica

1. Introdução à Química Bio-Inorgânica

A química bioinorgânica examina as interações entre elementos inorgânicos e sistemas biológicos, desempenhando um papel crucial na conceção de novas moléculas bioactivas. Esta disciplina engloba uma variedade de investigações, desde a compreensão dos mecanismos biológicos fundamentais até à criação de compostos químicos capazes de interagir especificamente com alvos biológicos.

Definição e âmbito da química bioinorgânica: Este ramo da química centra-se nos elementos metálicos e não metálicos presentes nos sistemas vivos. Os metais, como o ferro, o zinco e o cobre, são essenciais em vários processos biológicos, como as reacções enzimáticas e a transferência de electrões. Por exemplo, a hemoglobina, que contém ferro, é essencial para o transporte de oxigénio no sangue. Além disso, a química bioinorgânica também explora os efeitos de metais menos comuns, como os lantanídeos e os actinídeos, nos sistemas biológicos.

Papel dos elementos inorgânicos nos sistemas biológicos: Os elementos inorgânicos são cruciais para o funcionamento de muitas biomoléculas. Por exemplo, o zinco é um componente fundamental de muitas enzimas, como a carboxipeptidase, que ajuda na digestão das proteínas. O manganês é também essencial para a fotossíntese nas plantas, onde desempenha um papel na fotólise da água, um processo fundamental para a produção de oxigénio.

2. Conceitos-chave na conceção de moléculas

A conceção de moléculas bioactivas assenta numa compreensão detalhada das estruturas moleculares e dos seus mecanismos de ação. Esta secção explora os conceitos essenciais para a criação de moléculas capazes de interagir eficazmente com alvos biológicos.

Estruturas moleculares e mecanismos de ação

A estrutura de uma molécula determina as suas propriedades químicas e biológicas. A disposição dos átomos e os tipos de ligações influenciam não só a forma da molécula, mas também a sua capacidade de interagir com outras moléculas. Esta interação está frequentemente no centro da atividade biológica dos compostos, especialmente quando se trata de conceber agentes terapêuticos.

Estrutura e Propriedades Químicas: A estrutura química de uma molécula, que inclui a disposição dos átomos e os tipos de ligações, influencia as suas propriedades físicas e químicas. Por exemplo, os grupos funcionais polares, como os hidroxilos (-OH) ou as aminas (-NH_2), tornam as moléculas mais solúveis em água do que as moléculas não polares.

Estruturas dos medicamentos e mecanismos de ação : Os inibidores enzimáticos, como o aciclovir, são concebidos para imitar a estrutura do substrato natural da enzima alvo. Esta conceção permite que os inibidores se liguem a locais activos específicos na enzima. O aciclovir, por exemplo, é um análogo da guanina e liga-se competitivamente à ADN polimerase do vírus do herpes, bloqueando a replicação viral.

Outros exemplos:

- **Inibidores da protease do VIH:** Os inibidores da protease, como o ritonavir, imitam a estrutura dos péptidos normalmente clivados pela protease do VIH. Ao ligarem-se ao local ativo da enzima, estes inibidores impedem a maturação das proteínas virais, inibindo assim a replicação do VIH.
- **Inibidores da ciclo-oxigenase (COX):** Os medicamentos anti-inflamatórios não esteróides (AINE), como o ibuprofeno, têm como alvo a enzima COX. Ao ligarem-se ao local ativo da COX através de interações específicas, estes compostos bloqueiam a conversão do ácido araquidónico em prostaglandinas, modulando assim a resposta inflamatória.

Interação de moléculas com alvos biológicos

A forma como uma molécula interage com o seu alvo biológico é crucial para a sua eficácia terapêutica. As interações moleculares podem incluir vários tipos de forças e ligações químicas:

1. **Ligações de hidrogénio:** Estas ligações são formadas entre um átomo de hidrogénio ligado covalentemente a um átomo eletronegativo (como o oxigénio ou o azoto) e outro átomo eletronegativo. São essenciais para a estabilidade e especificidade das interações moleculares. Por exemplo, as ligações de hidrogénio entre bases complementares no ADN são cruciais para a estrutura da dupla hélice.

2. **Forças de Van der Waals:** Estas interações fracas resultam de forças de dispersão temporárias entre moléculas próximas. Desempenham um papel importante no reconhecimento e estabilização dos complexos moleculares, ajudando a manter as moléculas biológicas no seu lugar e facilitando a sua associação específica.

3. **Interações electrostáticas:** Estas interações ocorrem entre cargas opostas, como por exemplo entre grupos ionizados positivos e negativos. São fundamentais na formação de complexos proteína-proteína e enzima-substrato.

Exemplos de interações moleculares em terapêutica :

- **Antibióticos beta-lactâmicos:** Os antibióticos beta-lactâmicos, como a penicilina, ilustram a forma como uma molécula pode interagir especificamente com o seu alvo biológico para exercer um efeito terapêutico. A penicilina liga-se covalentemente à transpeptidase, uma enzima essencial para a síntese da parede celular bacteriana. Ao inibir esta enzima, a penicilina provoca o enfraquecimento e a rutura da parede celular bacteriana, levando à morte da bactéria.

- **Inibidores da ciclo-oxigenase (COX):** Os AINE, como o ibuprofeno, têm como alvo a enzima COX através de interações de hidrogénio e electrostáticas. Ao bloquear a conversão do ácido araquidónico em prostaglandinas, estes compostos modulam a resposta inflamatória e a dor.

- **Inibidores da protease do VIH:** O ritonavir e outros inibidores da protease ligam-se ao local ativo da protease do VIH através de interações de hidrogénio e forças de Van der Waals, inibindo a clivagem dos precursores proteicos necessários para a formação de novas partículas virais.

- A transpeptidase, também conhecida como proteína de ligação à penicilina (PBP), desempenha um papel fundamental na ligação cruzada dos peptidoglicanos na parede celular bacteriana. Ao ligar-se à PBP, a penicilina bloqueia a atividade enzimática desta proteína, levando ao enfraquecimento e à rutura da parede celular bacteriana. Como resultado, as bactérias não se podem dividir corretamente e morrem. Esta interação covalente é um excelente exemplo de como ligações específicas podem inibir processos biológicos essenciais em agentes patogénicos.

- Um excelente exemplo deste princípio em ação é o **aciclovir**, um medicamento antiviral utilizado para tratar infecções por herpes. O aciclovir é um análogo da guanina, uma base azotada presente no ADN. A sua estrutura é modificada para incluir um grupo acíclico, tornando-o específico para a enzima ADN polimerase do vírus do herpes.

Aciclovir e ADN polimerase: A ADN polimerase é uma enzima fundamental na replicação do ADN viral. O aciclovir, uma vez convertido na sua forma ativa por uma enzima viral, liga-se ao local ativo da ADN polimerase. A sua estrutura é suficientemente semelhante à do substrato natural (guanina) para se ligar de forma competitiva, mas é modificada de modo a que a enzima não possa catalisar a formação de ADN viral. Esta ligação bloqueia a replicação do ADN, impedindo a multiplicação do vírus.

Em suma, a compreensão da forma como as moléculas interagem com os seus alvos biológicos é essencial para a sua função terapêutica. Os diferentes tipos de interações moleculares - ligações de hidrogénio, forças de Van der Waals e interações electrostáticas - contribuem todos para a especificidade e a eficácia dos agentes terapêuticos. Estes princípios são fundamentais para a conceção de moléculas bioactivas eficazes.

Parte 2: Inibidores da deformilase peptídica

1. Apresentação da Peptídeo Deformilase

Importância da Peptídeo Deformilase nos Sistemas Biológicos

A peptídeo deformilase desempenha um papel essencial na maturação das proteínas nas bactérias. A sua principal função é catalisar a deformilação de péptidos nascentes, um processo crucial para a conversão de péptidos inactivos nas suas formas funcionais. A deformilação envolve a remoção do grupo formilo ligado ao terminal amino dos péptidos. Este grupo formilo pode atuar como um sinal para a degradação ou inativação do péptido. Na ausência desta deformilação, os péptidos não podem atingir o seu estado funcional, comprometendo a sua capacidade de participar em processos biológicos essenciais. A inibição da peptídeo deformilase poderia, portanto, ser uma estratégia eficaz para o desenvolvimento de novos agentes antimicrobianos, uma vez que interrompe a maturação de proteínas necessárias para a sobrevivência e o crescimento bacteriano.

Mecanismos de ação e função da peptídeo deformilase

A deformilase peptídica actua catalisando a remoção do grupo formilo dos péptidos nascentes. Isto é conseguido através da hidrólise, em que o grupo formilo é convertido em formaldeido, que é depois removido. O mecanismo enzimático baseia-se numa interação precisa entre a enzima e o substrato peptídico. A enzima reconhece o péptido pela sua sequência amino-terminal e utiliza um sítio ativo específico para clivar o grupo formilo. Esta reação é frequentemente seguida por outras modificações pós-traducionais necessárias para a maturação completa da proteína. Os inibidores específicos perturbam este processo, impedindo a deformilação, o que pode impedir a maturação correta de proteínas essenciais, oferecendo assim uma via potencial para tratamentos antibacterianos.

2. Desenvolvimento de inibidores da deformilase peptídica

Estratégias de conceção de inibidores eficazes

A conceção de inibidores peptídicos da deformilase baseia-se em várias estratégias fundamentais:

- **Conceção baseada na estrutura:** Utilizando dados estruturais obtidos por cristalografia de raios X ou ressonância magnética nuclear (RMN), é possível conceber inibidores que se ligam especificamente ao local ativo da enzima. Ao imitar a estrutura do substrato ou ao introduzir modificações estruturais, os investigadores podem criar moléculas capazes de bloquear eficazmente a atividade da enzima.

- **Conceção de compostos peptídicos:** Os inibidores podem ser análogos de péptidos modificados para melhorar a sua estabilidade e afinidade com a enzima. Estes compostos, frequentemente derivados de sequências naturais de péptidos de deformilase, podem ligar-se ao local ativo e interferir com o processo enzimático.

- **Utilização de compostos não peptídicos:** Os compostos não peptídicos, que são frequentemente mais estáveis e biodisponíveis, podem também atuar como inibidores. Estas pequenas moléculas ligam-se de forma competitiva ao local ativo da enzima e podem atingir concentrações mais elevadas nos tecidos, aumentando a sua eficácia.

Exemplos de compostos desenvolvidos e respetivo desempenho

- **Actinomicina D:** A actinomicina D é um antibiótico bem conhecido pelo seu efeito inibidor sobre os péptidos deformilase. Liga-se ao local ativo da enzima, bloqueando a sua interação com o péptido substrato. Embora eficaz contra certas estirpes bacterianas, a sua utilização é limitada pela sua toxicidade sistémica.

- **Inibidores baseados em péptidos:** Foram desenvolvidos compostos tais como análogos de péptidos modificados da sequência amino-terminal dos péptidos da deformilase. Estes inibidores apresentam uma elevada afinidade para a enzima e uma atividade inibidora eficaz em laboratório. O seu sucesso depende da sua capacidade de se ligarem especificamente ao local ativo e de inibirem a função da enzima sem afectarem outros processos biológicos.

3. Estudos de casos

Análise da investigação da senhora deputada Artaud sobre os inibidores da deformilase peptídica

O trabalho da Sra. Artaud contribuiu significativamente para a compreensão e o desenvolvimento de inibidores de peptídeos deformilase. A sua investigação centrou-se em vários aspectos fundamentais:

Síntese de novos inibidores

A Sra. Artaud foi pioneira na conceção e síntese de inibidores da deformilase peptídica. A sua investigação inovadora conduziu à criação de novos compostos com caraterísticas únicas e promissoras. Segue-se uma análise aprofundada dos seus principais contributos:

- **Abordagens de síntese**
  - **Estruturas peptídicas modificadas:** Os inibidores baseados em péptidos modificados são concebidos para imitar o substrato natural, exibindo simultaneamente modificações estruturais para melhorar a sua afinidade e especificidade. A Artaud introduziu modificações-chave na

estrutura do péptido para criar análogos de péptidos com propriedades inibitórias melhoradas. Estas modificações podem incluir:

- **Substituição de grupos funcionais:** Artaud fez experiências com vários grupos funcionais para melhorar a estabilidade e a solubilidade dos péptidos inibidores. Por exemplo, a introdução de grupos hidroxilo ou metilo aumentou a ligação ao local ativo da enzima.

- **Ciclização de péptidos:** A ciclização é uma técnica utilizada para estabilizar a conformação dos péptidos e melhorar a sua afinidade para o sítio ativo da enzima. Os péptidos ciclizados desenvolvidos por Artaud apresentam uma elevada inibição competitiva devido à sua conformação rígida e à sua maior capacidade de se ligarem especificamente ao sítio ativo dos péptidos deformilase.

- **Modificações anfifílicas:** Ao ajustar as propriedades hidrofóbicas e hidrofílicas dos péptidos, a Sra. Artaud conseguiu influenciar a sua interação com a superfície enzimática, levando a um melhor reconhecimento e a uma inibição mais eficaz.

o **Estruturas não peptídicas:** Paralelamente, a Sra. Artaud tem estado a explorar inibidores não peptídicos, que oferecem vantagens como uma maior estabilidade metabólica e uma síntese mais fácil. As suas abordagens incluem :

- **Compostos orgânicos sintéticos:** Utilizando técnicas de modelização molecular, Artaud concebeu compostos orgânicos capazes de se ligarem competitivamente ao sítio ativo dos péptidos deformilase. Estes compostos foram optimizados para maximizar as interações não covalentes, como as ligações de hidrogénio e as forças de Van der Waals.

- **Moléculas químicas sintéticas:** A utilização de estruturas químicas inovadoras, como anéis aromáticos ou grupos de funcionalização específicos, tornou possível criar inibidores não peptídicos com uma elevada afinidade para os péptidos deformilase. Estas moléculas são frequentemente menos susceptíveis de degradação enzimática, o que as torna promissoras para uma utilização terapêutica prolongada.

Exemplos de compostos desenvolvidos

- **Inibidores peptídicos modificados:** Um exemplo do trabalho da Sra. Artaud é o desenvolvimento de peptídeos inibidores modificados, tais como os que contêm substituições no grupo formilo. Estes inibidores mostraram uma elevada inibição competitiva em ensaios enzimáticos, com constantes de inibição (Ki) que indicam uma elevada afinidade para o local ativo da enzima.

- **Inibidores não peptídicos:** Entre os compostos não peptídicos desenvolvidos, alguns demonstraram uma inibição potente da peptídeo deformilase ligando-se especificamente aos locais catalíticos da enzima. Os estudos de ligação revelaram que estes compostos possuíam propriedades inibitórias comparáveis, ou mesmo superiores, às dos inibidores peptídicos.

Impacto e perspectivas

A investigação da Sra. Artaud teve um impacto significativo na nossa compreensão dos mecanismos de inibição dos péptidos deformilase e abriu caminho a novas abordagens para a conceção de moléculas terapêuticas. O seu trabalho não só melhorou a especificidade e a eficácia dos inibidores, como também contribuiu para otimizar os processos de síntese e compreender as interações entre os inibidores e os alvos biológicos.

Em conclusão, a síntese de novos inibidores baseados em estruturas peptídicas e não peptídicas ilustra a importância da inovação no desenvolvimento de compostos eficazes para a investigação biomédica. As suas contribuições conduziram à criação de inibidores com propriedades notáveis e alargaram as perspectivas de desenvolvimento de novas terapias dirigidas aos péptidos deformilase.

Estudos do mecanismo de ação

A investigação da Professora Artaud sobre o mecanismo de ação dos inibidores da deformilase peptídica forneceu informações cruciais sobre a forma como estes compostos interferem com a atividade enzimática. Utilizando técnicas de ponta, como a cristalografia de raios X, conseguiu elucidar as interações específicas entre os inibidores e o sítio ativo da enzima.

Técnicas para determinar o mecanismo de ação

- **Cristalografia de raios X:** Este método é utilizado para determinar a estrutura tridimensional de moléculas e complexos proteicos. Artaud utilizou esta técnica para obter estruturas cristalinas de péptidos de deformilase na presença dos seus inibidores. Esta abordagem forneceu pormenores cruciais sobre a forma como os inibidores se ligam ao sítio ativo da enzima e sobre as alterações induzidas na conformação da enzima. Os seus trabalhos permitiram :

- o **Resolução de estruturas complexas:** A Sra. Artaud resolveu a estrutura cristalina dos complexos formados entre os péptidos da deformilase e os inibidores, revelando as interações precisas a nível atómico. Estas estruturas mostraram como os inibidores se encaixam no sítio ativo da enzima e os ajustamentos estruturais resultantes.

- o **Identificação dos sítios de ligação:** Os seus estudos permitiram localizar com precisão os sítios de ligação dos inibidores na enzima. Por exemplo, identificou interações específicas, como as ligações de hidrogénio e as forças de Van der Waals, que estabilizam os complexos inibidor-enzima.

- **Dinâmica molecular:** Para além da cristalografia de raios X, a Sra. Artaud utilizou simulações de dinâmica molecular para estudar o comportamento dos complexos inibidor-enzima num ambiente dinâmico. Estas simulações permitiram observar :

- o **Flexibilidade do sítio ativo:** As simulações mostraram como o sítio ativo da enzima se pode deformar para acomodar os inibidores, bem como as alterações conformacionais induzidas pela ligação dos inibidores.

o **Interação dinâmica:** Foram utilizadas para examinar a estabilidade das interações entre os inibidores e o local ativo ao longo do tempo, fornecendo informações sobre a duração da ligação e os efeitos da dinâmica na eficácia da inibição.

Principais descobertas sobre os mecanismos de inibição

- **Perturbação do mecanismo catalítico:** Os estudos de Artaud revelaram como os inibidores perturbam o mecanismo catalítico da peptídeo deformilase. Por exemplo:
    o **Inibição competitiva:** Alguns inibidores ligam-se ao local ativo da enzima de forma a bloquear o acesso ao substrato natural. Esta inibição é frequentemente devida a uma semelhança estrutural entre os inibidores e o substrato, permitindo que os inibidores concorram eficazmente pela ligação ao local ativo.
    o **Perturbação da catálise:** As estruturas obtidas mostraram que os inibidores podem induzir alterações conformacionais na enzima, alterando a sua capacidade de catalisar a reação química. Estas alterações podem incluir ajustes nas cadeias laterais dos aminoácidos e na geometria do sítio ativo.
- **Interferência com o sítio ativo:** A Sra. Artaud identificou a forma como os inibidores modificam as interações no sítio ativo. Por exemplo:

o **Conformação do sítio ativo:** Os inibidores podem estabilizar certas conformações do sítio ativo que não são compatíveis com a catálise normal. Esta estabilização pode impedir a enzima de se conformar com a estrutura necessária para catalisar a reação do substrato.

o **Bloqueio das interações essenciais:** certos inibidores impedem a formação de ligações intermédias essenciais entre a enzima e o substrato, bloqueando assim o processo catalítico. Os detalhes estruturais obtidos mostraram como estes inibidores interferem com as interações electrostáticas e hidrofóbicas no sítio ativo.

Implicações para a conceção de novos compostos

As descobertas do Dr. Artaud tiveram implicações significativas para a conceção de novos inibidores da deformilase peptídica. A informação sobre a forma como os inibidores se ligam e interrompem o mecanismo da enzima permitirá :

- **Otimização da estrutura dos inibidores:** Os dados estruturais têm orientado a modificação das estruturas dos inibidores para melhorar a sua afinidade e especificidade, ajustando os grupos funcionais e optimizando as interações com o sítio ativo.

- **Desenvolvimento de inibidores mais eficazes:** Ao compreender os mecanismos pelos quais os inibidores interrompem a atividade enzimática, os investigadores podem conceber inibidores que visam os péptidos deformilase de forma mais eficaz, oferecendo melhores perspectivas para aplicações terapêuticas.

Em conclusão, o trabalho da Sra. Artaud sobre os mecanismos de ação dos inibidores da deformilase peptídica forneceu informações essenciais para compreender e melhorar as estratégias de inibição. As suas contribuições levaram a uma melhor compreensão da forma como os inibidores interferem com a atividade enzimática, abrindo caminho para futuros desenvolvimentos na conceção de compostos terapêuticos mais eficazes.

Resultados e implicações para a investigação bioquímica

A investigação da Sra. Artaud sobre os inibidores da deformilase peptídica teve um impacto significativo no domínio da bioquímica. O seu trabalho conduziu a avanços significativos na conceção e desenvolvimento de novos inibidores, com implicações importantes para as terapias antimicrobianas. Apresentamos de seguida um resumo pormenorizado dos resultados obtidos e das suas repercussões:

Avanços na conceção de inibidores

A Sra. Artaud contribuiu substancialmente para a conceção de novos inibidores, mais eficazes e mais específicos, graças a inovações nas estruturas peptídicas e não peptídicas. Estes desenvolvimentos permitiram :

- **Eficácia optimizada do inibidor:** Os novos inibidores desenvolvidos têm uma maior afinidade para o local ativo dos péptidos deformilase, aumentando a sua eficácia no bloqueio da atividade enzimática. Estes compostos demonstraram uma inibição mais robusta em comparação com os agentes anteriores, o que é crucial para ultrapassar a crescente resistência bacteriana.

- **Inovação em estruturas moleculares:** O trabalho da Sra. Artaud introduziu estruturas inovadoras, tanto peptídicas como não peptídicas, que servem de base sólida para desenvolvimentos futuros. Estas novas estruturas foram concebidas para melhorar a especificidade e a estabilidade dos inibidores, tornando os potenciais tratamentos mais prometedores.

- **Desenvolvimento de modelos terapêuticos:** Os inibidores desenvolvidos por Artaud podem servir de modelos para a criação de novas terapias direcionadas. Ao utilizar abordagens de conceção baseadas em estruturas bem definidas, os investigadores podem explorar novas vias para o tratamento de infecções bacterianas que já não respondem aos antibióticos tradicionais.

Potenciais aplicações clínicas

Os inibidores desenvolvidos têm o potencial de transformar o tratamento de infecções bacterianas, particularmente as resistentes aos tratamentos existentes. As implicações clínicas incluem :

- **Novas opções de tratamento:** A maior especificidade e eficácia dos novos inibidores abre caminho a tratamentos mais direcionados para infecções difíceis de tratar. A capacidade dos novos compostos para se ligarem com elevada afinidade aos péptidos da deformilase poderá tornar possível conceber terapias mais eficazes contra estirpes bacterianas resistentes aos antibióticos convencionais.

- **Impacto na resistência aos antibióticos:** Ao desenvolver inibidores capazes de ultrapassar os mecanismos de resistência, a investigação da Sra. Artaud está a ajudar a preencher lacunas críticas nas opções terapêuticas actuais. Os novos compostos poderão oferecer soluções inovadoras para o tratamento de infecções bacterianas que se tornaram cada vez mais difíceis de gerir com os tratamentos actuais.

- **Bases para investigação futura:** Os resultados da sua investigação fornecem uma base sólida para estudos futuros sobre os peptídeos deformilase e outros alvos enzimáticos. Aprofundar o nosso conhecimento sobre estes inibidores pode levar a novas descobertas e ao desenvolvimento de novas estratégias terapêuticas.

Parte 3: Dadores de enxofre

1. Papel do enxofre nos sistemas biológicos

O enxofre é um elemento essencial em muitos processos biológicos, desempenhando um papel crucial na estrutura e função das biomoléculas. A sua presença e interações são fundamentais para o bom funcionamento dos sistemas biológicos.

Importância do enxofre nos processos biológicos

O enxofre está envolvido em vários aspectos da biologia celular e molecular. É um componente-chave de vários aminoácidos essenciais, como a cisteína e a metionina, que são cruciais para a estrutura das proteínas e para a regulação dos processos metabólicos. Por exemplo, as pontes dissulfureto, formadas entre dois resíduos de cisteína numa proteína, são essenciais para estabilizar a estrutura tridimensional das proteínas. Estas ligações desempenham um papel fundamental na formação das estruturas secundárias e terciárias das proteínas, influenciando assim a sua função biológica.

O enxofre está também envolvido no metabolismo celular sob a forma de grupos tiol (-SH), que desempenham um papel nas reacções de transferência de electrões e na redução de oxidantes. Os tióis são essenciais na regulação do stress oxidativo, um processo importante na proteção das células contra os danos oxidativos.

Mecanismos biológicos que envolvem o enxofre

O enxofre está também envolvido em processos biológicos mais complexos, como a síntese de coenzimas e a desintoxicação de produtos metabólicos. Por exemplo, a coenzima A (CoA), que contém um grupo tiol, é crucial para o metabolismo dos ácidos gordos e dos ácidos orgânicos. Além disso, o sulfureto de hidrogénio (H_2S), um dador de enxofre, está envolvido na regulação de vários processos fisiológicos, incluindo a vasodilatação e a modulação da neurotransmissão.

2. Desenvolvimento de dadores de enxofre

Os dadores de enxofre são compostos químicos capazes de libertar enxofre ou grupos contendo enxofre num sistema biológico. O seu desenvolvimento é importante para explorar os papéis biológicos do enxofre e para aplicar este conhecimento em contextos terapêuticos.

Tipos de dadores de enxofre e suas aplicações

Os dadores de enxofre dividem-se principalmente em duas categorias: os dadores de sulfureto e os dadores de grupos tiol. Os dadores de sulfureto, como o sulfureto de hidrogénio (H_2S), são frequentemente utilizados para estudar os efeitos do enxofre nos sistemas biológicos. O sulfureto de hidrogénio é conhecido pelas suas propriedades vasodilatadoras e anti-inflamatórias, e está a ser explorado pelas suas potenciais aplicações no tratamento de doenças cardiovasculares e neurodegenerativas.

Os dadores de grupos tiol, como os derivados de tiocianato, são utilizados para modular as respostas biológicas através de mecanismos de redução e de transferência de electrões. Estes compostos estão a ser estudados pelas suas propriedades antioxidantes e pelos seus efeitos nos mecanismos de sinalização celular.

Métodos de síntese e caraterização de doadores de enxofre

A síntese de dadores de enxofre envolve a preparação de compostos químicos capazes de libertar enxofre de forma controlada. Os métodos de síntese variam em função do tipo de dador de enxofre pretendido. Por exemplo, os dadores de sulfureto podem ser sintetizados a partir de precursores como os tioésteres ou os tiocarbamatos, enquanto os dadores de tiol podem ser obtidos por modificação química de precursores que contenham grupos tiol.

Estes compostos são caracterizados utilizando técnicas analíticas como a espetroscopia UV-Vis, a espetrometria de massa e a cromatografia líquida. Estas técnicas são utilizadas para determinar a pureza, a estabilidade e a capacidade de libertação de enxofre dos dadores.

3. Estudos de casos

Análise da investigação de Mme. Artaud sobre os doadores de sulfureto de hidrogénio

O Dr. Artaud realizou uma vasta investigação sobre os dadores de sulfureto de hidrogénio, explorando o seu potencial terapêutico e o seu mecanismo de ação. Os seus estudos evidenciaram vários aspectos importantes:

- **Síntese e Caracterização**: A Sra. Artaud desenvolveu novos compostos dadores de H_2S com estruturas optimizadas para a libertação controlada de enxofre. A sua investigação resultou em moléculas capazes de libertar H_2S de forma direcionada, oferecendo uma abordagem mais precisa para modular os processos biológicos.
- **Mecanismos de ação**: O trabalho de Artaud revelou a forma como os dadores de H_2S interagem com alvos biológicos, incluindo receptores e proteínas envolvidos na regulação vascular e na neurotransmissão. A sua investigação demonstrou que os dadores de H_2S podem influenciar vários processos fisiológicos, modificando a sinalização celular e regulando o stress oxidativo.

- **Potenciais aplicações**: A investigação da Sra. Artaud abriu novas perspectivas para a utilização de dadores de H_2S no tratamento de doenças cardiovasculares, neurológicas e inflamatórias. Ao demonstrar os efeitos benéficos do H_2S nestas patologias, o seu trabalho realçou o potencial terapêutico dos dadores de enxofre na medicina moderna.

Parte 4: Espectroscopia de Absorção de Raios X (XAS) em Química Bio-Inorgânica

1. Introdução à Espectroscopia de Absorção de Raios X (XAS)

Princípios fundamentais de XAS

A Espectroscopia de Absorção de Raios X (XAS) é uma técnica analítica sofisticada que permite um estudo aprofundado das propriedades dos elementos metálicos em vários sistemas, incluindo a química bio-inorgânica. O método baseia-se na análise da absorção de raios X por uma amostra para obter informações pormenorizadas sobre a estrutura local em torno dos átomos metálicos.

O XAS divide-se em dois sistemas principais:

- **Espectroscopia de Absorção de Raios X no Limiar (XANES):** Este regime fornece informações cruciais sobre o estado de oxidação dos átomos metálicos e a sua coordenação. Analisando a forma do espetro de absorção perto do limiar de absorção, podemos obter pistas sobre alterações no estado químico dos elementos metálicos e do seu ambiente imediato.

- **Espectroscopia de dispersão de fotoelectrões por absorção de raios X (EXAFS):** Esta parte do XAS é utilizada para determinar as distâncias entre os átomos de metal e os seus ligandos vizinhos. Ao medir as oscilações do espetro de absorção acima do limiar, a EXAFS fornece pormenores sobre a disposição espacial e as disposições dos átomos vizinhos em torno do local do metal.

Importância do XAS no estudo de elementos inorgânicos

A XAS é particularmente essencial para a análise de complexos metálicos em bioquímica, onde os elementos metálicos desempenham papéis cruciais em muitas biomoléculas, incluindo enzimas. A capacidade do XAS para revelar a coordenação dos metais e o seu estado de oxidação é essencial para compreender as funções biológicas destes elementos.

Exemplo prático:

Um exemplo clássico é a utilização de XAS para estudar os complexos de ferro na hemoglobina. A XAS foi utilizada para decifrar a forma como o ferro se coordena com as moléculas de oxigénio na hemoglobina. Esta análise revelou detalhes do mecanismo pelo qual o oxigénio é transportado no sangue, esclarecendo como as alterações na coordenação do ferro influenciam a capacidade da hemoglobina para captar e libertar oxigénio.

A XAS revela-se assim uma ferramenta poderosa para o estudo dos elementos inorgânicos, permitindo-nos decifrar aspectos complexos da sua estrutura e função nos sistemas biológicos.

2. Aplicações de XAS na investigação bio-inorgânica

Utilização de XAS para compreender as estruturas de complexos metálicos

A Espectroscopia de Absorção de Raios X (XAS) é particularmente útil para analisar complexos metálicos em sistemas biológicos. Muitos processos vitais dependem da presença de metais como o ferro, o cobre e o zinco, que estão frequentemente integrados em estruturas proteicas complexas. A XAS fornece informações precisas sobre a geometria de coordenação dos metais e a distância entre os átomos de metal e os seus ligandos.

Exemplo prático:

No estudo da peptídeo deformilase, uma enzima bacteriana que contém ferro como cofator, a XAS é utilizada para examinar a configuração do sítio ativo da enzima. Ao fornecer pormenores sobre a forma como o ferro está coordenado na enzima, a XAS ajuda a compreender as interações específicas entre a enzima e os seus inibidores. Por exemplo, a análise XAS revelou como o ferro na peptídeo deformilase está rodeado por ligandos específicos, o que é crucial para a conceção de inibidores que visam precisamente este sítio metálico e inibem eficazmente a atividade da enzima.

O papel da XAS na caraterização dos mecanismos de ação das moléculas

A XAS desempenha também um papel fundamental na caraterização dos mecanismos de ação das moléculas bioactivas, fornecendo informações sobre os estados de coordenação e oxidação dos metais presentes nos complexos biológicos. Esta capacidade permite analisar a forma como as moléculas interagem com os sítios metálicos e como estas interações influenciam a sua função e atividade.

Exemplo prático:

Os dadores de enxofre, como o sulfureto de hidrogénio (H_2S), são uma área de particular interesse. Utilizando XAS, os investigadores podem estudar a forma como estes dadores se ligam a sítios metálicos em várias enzimas, como as que contêm cobre. Os dados obtidos podem ser utilizados para compreender como os dadores de enxofre modificam a coordenação dos metais e afectam os mecanismos enzimáticos. Por exemplo, o XAS revelou como o H_2S interage com átomos de cobre em enzimas, ajudando a elucidar os mecanismos pelos quais esses doadores influenciam os processos biológicos e podem ser explorados para aplicações terapêuticas.

3. Estudos de casos

Excmplos da aplicação de XAS na pesquisa de inibidores da deformilase peptídica

O estudo dos inibidores da peptídeo deformilase (PDF) utilizando a espetroscopia de absorção de raios X (XAS) tem desempenhado um papel crucial na compreensão das interações no local metálico da enzima. A peptídeo deformilase, uma enzima envolvida na maturação de peptídeos em bactérias, tem um íon ferroso (Fe^{2+}) como um cofator essencial para sua atividade catalítica.

Exemplo de aplicação :

Num projeto específico, os investigadores utilizaram o XAS para examinar a forma como os inibidores se ligam ao local ativo da peptídeo deformilase. Estes inibidores são concebidos para imitar os substratos naturais da enzima, e a sua interação com o ferro metálico é um aspeto crítico da sua eficácia. Utilizando XAS, os investigadores conseguiram determinar a estrutura de coordenação do ferro no complexo inibidor-enzima. Os dados XAS revelaram a forma como os inibidores se ligam ao ferro, modificando a configuração dos ligandos em torno do ião metálico.

Detalhes observados :

- **Coordenação do ferro:** Estudos demonstraram que os inibidores se ligam ao ferro numa configuração específica que impede a enzima de catalisar a deformilação do péptido. Por exemplo, foram observadas alterações nas distâncias e ângulos de coordenação, indicando uma perturbação significativa do sítio ativo.

- **Modificação das interações:** Os dados XAS identificaram a forma como as modificações estruturais dos inibidores influenciam a coordenação do ferro. Os inibidores mais eficazes mostraram uma ligação mais específica e estável ao sítio metálico, aumentando o seu potencial para inibir a enzima.

Estes resultados levaram à conceção de novos inibidores com maior afinidade para o sítio metálico do péptido deformilase, melhorando assim a sua eficácia como agentes antibacterianos.

Aplicações de XAS no estudo de doadores de enxofre

Os dadores de enxofre, incluindo o sulfureto de hidrogénio (H_2S) e os tiossulfatos, são compostos de interesse na investigação bioinorgânica devido ao seu papel em várias reacções enzimáticas e bioquímicas. O XAS é utilizado para compreender a forma como estes dadores de enxofre interagem com os locais metálicos nas enzimas, oferecendo informações sobre o seu mecanismo de ação.

Exemplo de aplicação :

Num estudo de dadores de sulfureto de hidrogénio, o XAS foi utilizado para examinar a sua interação com os locais metálicos de enzimas contendo cobre, tais como **a nitrito redutase contendo cobre**. O cobre nestas enzimas é essencial para a catálise de várias reacções redox, e a coordenação do cobre com o sulfureto de hidrogénio pode modular a sua atividade enzimática.

Detalhes observados :

*   **Coordenação do cobre:** Os dados de XAS revelaram que os dadores de enxofre, como o H_2S, alteram o padrão de coordenação do cobre nos complexos enzimáticos. Por exemplo, estudos mostraram que a adição de H_2S leva a mudanças nas distâncias entre o cobre e seus ligantes, indicando uma interação direta entre o sulfeto e o cobre.

- **Impacto nos mecanismos enzimáticos:** A XAS permitiu-nos visualizar como os dadores de enxofre afectam a reatividade do cobre, modificando os seus estados de oxidação e as suas interações com outros ligandos. Esta informação é crucial para compreender como estes dadores influenciam as reacções enzimáticas e para desenvolver aplicações terapêuticas baseadas nestas interações.

Os resultados obtidos graças à XAS contribuíram para uma melhor compreensão dos mecanismos de ação dos dadores de enxofre e abriram caminho a potenciais desenvolvimentos em terapias baseadas em interações enxofre-metal.

Parte 5: Desafios e perspectivas

1. Desafios actuais na conceção de moléculas bioactivas

Problemas encontrados no desenvolvimento de novas moléculas

O desenvolvimento de novas moléculas bioactivas enfrenta uma série de desafios importantes. Um dos principais problemas é a dificuldade de prever com precisão a atividade biológica das moléculas. As interações complexas entre as moléculas e os seus alvos biológicos, frequentemente influenciadas por factores ambientais e biológicos, tornam difícil a avaliação pré-clínica de novas substâncias. Os testes in vitro nem sempre reflectem com exatidão a complexidade dos sistemas biológicos vivos, o que pode levar a desilusões durante os ensaios clínicos.

Outro grande desafio é a especificidade e a seletividade das moléculas-alvo. As moléculas bioactivas devem interagir especificamente com os seus alvos biológicos, minimizando os efeitos secundários noutras biomoléculas. A dificuldade de conceber compostos altamente selectivos é exacerbada pela diversidade dos alvos biológicos e pela variabilidade individual das respostas fisiológicas.

Limites das abordagens actuais e obstáculos encontrados

As abordagens tradicionais à conceção de moléculas bioactivas, como a química estrutura-atividade, podem por vezes ser limitadas por uma falta de compreensão pormenorizada de mecanismos moleculares complexos. Os modelos de previsão baseados na estrutura podem nem sempre captar as nuances das interações moleculares, especialmente no caso de alvos biológicos complexos ou mal caracterizados.

Além disso, os processos de descoberta de medicamentos são frequentemente longos e dispendiosos. As fases de desenvolvimento, desde a identificação do candidato até à validação clínica, exigem recursos consideráveis e podem falhar devido a uma toxicidade inesperada ou a uma eficácia insuficiente em contextos clínicos.

2. Inovações e progressos

Novas estratégias para superar os desafios

Para ultrapassar estes desafios, estão a ser implementadas estratégias inovadoras. A modelização molecular e as simulações informáticas são cada vez mais utilizadas para prever interações moleculares e otimizar as estruturas dos compostos antes dos ensaios experimentais. Os avanços na inteligência artificial e na aprendizagem automática permitem analisar vastos conjuntos de dados para identificar novos alvos e prever a atividade das moléculas com maior precisão.

A química de precisão, que se centra no desenvolvimento de moléculas capazes de modular vias biológicas específicas com grande precisão, é outra abordagem promissora. Tecnologias como os péptidos modulados e os nanomateriais permitem conceber agentes terapêuticos capazes de interagir de forma orientada com biomoléculas específicas, melhorando assim a seletividade e a eficácia dos tratamentos.

Avanços tecnológicos e metodológicos em química bio-inorgânica

Os avanços tecnológicos, como a espetroscopia avançada e a cristalografia de raios X de alta resolução, permitem uma caraterização mais precisa das estruturas moleculares e das interações a nível atómico. As técnicas de espetroscopia de absorção de raios X (XAS) e de ressonância magnética nuclear (RMN) oferecem uma visão pormenorizada dos ambientes locais em torno de sítios metálicos em complexos biológicos.

As abordagens metodológicas, como o rastreio de elevado rendimento e as técnicas de biossensores, permitem testar rápida e eficazmente numerosos compostos e identificar os que apresentam as melhores propriedades bioactivas. Estas inovações estão a ajudar a acelerar o processo de descoberta e desenvolvimento de novos medicamentos.

3. Perspectivas futuras

A emergência de novos objectivos e abordagens

No futuro, é provável que a investigação em química bioinorgânica se concentre na descoberta de novos alvos terapêuticos, particularmente em áreas como a medicina personalizada e a biologia de sistemas. Os alvos emergentes incluem proteínas e vias biológicas que desempenham um papel crucial em doenças específicas, permitindo o desenvolvimento de tratamentos mais direcionados e eficazes.

As abordagens multidisciplinares, que combinam a química, a biologia, a física e a ciência dos dados, tornar-se-ão cada vez mais comuns para resolver os problemas complexos da conceção de moléculas bioactivas. A integração de conhecimentos de diferentes disciplinas conduzirá a uma compreensão mais profunda dos mecanismos biológicos e facilitará a criaçao de novos agentes terapêuticos.

Tendências futuras na investigação bio-inorgânica

As tendências futuras na investigação bioinorgânica incluirão uma maior incidência nas interações entre metais e biomoléculas em contextos fisiológicos complexos. A investigação centrar-se-á também nos efeitos a longo prazo dos tratamentos e na personalização das terapias de acordo com os perfis genéticos individuais.

As novas tecnologias, como a biologia sintética e os sistemas de administração de medicamentos com objectivos específicos, desempenharão um papel fundamental no desenvolvimento de terapias inovadoras. A emergência de técnicas de visualização avançadas e de plataformas de rastreio de elevado rendimento permitirá a descoberta e o desenvolvimento de moléculas bioactivas com maior eficácia e menores

efeitos secundários.

Conclusão

- **Resumo dos pontos principais**

- No decurso desta exploração aprofundada da química bioinorgânica, surgiram vários pontos-chave, revelando tanto avanços significativos como desafios persistentes. Começámos por examinar o papel crucial dos péptidos deformilase nos sistemas biológicos e os esforços que estão a ser feitos para desenvolver inibidores eficazes. A investigação da Sra. Artaud, em particular, mostrou como os inibidores peptídicos e não peptídicos podem ser concebidos para interagir de forma direcionada com os locais activos dos peptídeos deformilase, abrindo caminho para novas terapias antibacterianas.

- Em seguida, discutimos o papel essencial dos dadores de enxofre nos processos enzimáticos e os métodos inovadores de síntese destes compostos. O trabalho sobre os dadores de sulfureto de hidrogénio mostrou como o XAS pode revelar detalhes importantes sobre a sua interação com os sítios metálicos das enzimas, oferecendo perspectivas para o desenvolvimento de novas moléculas terapêuticas.

- A espetroscopia de absorção de raios X (XAS) tem sido destacada como uma ferramenta fundamental no estudo de elementos metálicos em bioquímica. Ao fornecer informações detalhadas sobre a estrutura local em torno dos átomos metálicos, a XAS permite uma compreensão aprofundada dos mecanismos de ação das moléculas bioactivas e dos complexos metálicos. As aplicações da XAS no estudo de péptidos deformilase e de dadores de enxofre demonstraram a sua importância na conceção e otimização de novas moléculas.

- **Considerações finais**

- A investigação e as inovações discutidas têm um impacto potencial considerável no avanço da química bioinorgânica. Os avanços na conceção de inibidores específicos e a caraterização dos mecanismos de ação das moléculas bioactivas prometem abrir novas vias terapêuticas. A integração de técnicas como a XAS na investigação ultrapassa as limitações das abordagens tradicionais, facilitando o desenvolvimento de moléculas com propriedades optimizadas para aplicações clínicas.

- A XAS, em particular, desempenha um papel crucial na compreensão das interações metal-ligando e na caraterização de sítios metálicos em complexos biológicos. A sua capacidade de fornecer informações detalhadas sobre a coordenação e o estado de oxidação dos elementos metálicos torna-a uma ferramenta indispensável para o desenvolvimento de novas moléculas bioactivas. Ao combinar estes avanços tecnológicos com estratégias inovadoras, a química bioinorgânica continua a progredir, abrindo caminho a tratamentos mais eficazes e direcionados para várias doenças.

Glossário :

- **Sulfureto de hidrogénio** (H_2S): Composto químico que contém enxofre, conhecido pelas suas propriedades vasodilatadoras e anti-inflamatórias.

- **Pontes dissulfureto**: Ligações covalentes formadas entre dois resíduos de cisteína numa proteína, essenciais para estabilizar a estrutura da proteína.

- **Tióis**: Grupos funcionais que contêm um átomo de enxofre e um átomo de hidrogénio, envolvidos em reacções de transferência de electrões e de redução.

- **Coenzima A (CoA)**: molécula contendo enxofre essencial para o metabolismo dos ácidos gordos e dos ácidos orgânicos.

- **Dadores de enxofre**: Compostos químicos capazes de libertar enxofre ou grupos contendo enxofre num sistema biológico.

- **XAS (Espectroscopia de Absorção de Raios X)**: Técnica que analisa a absorção de raios X por uma amostra para determinar a estrutura local em torno de átomos metálicos.

- **Coordenação de metais**: Organização de ligandos em torno de um átomo de metal, influenciando a estrutura e a reatividade do complexo.

- **Sítio ativo**: Região específica de uma enzima onde a reação química tem lugar, envolvendo frequentemente metais para a catálise.

- **Peptídeo Deformilase (PDF)** : Enzima bacteriana envolvida na maturação de péptidos através da remoção do grupo formilo dos péptidos.

- **Ião ferroso (Fe^{2+})**: Forma de ferro em certos complexos enzimáticos, desempenhando um papel crucial nas reacções catalíticas.

- **XANES (X-ray Absorption Near Edge Structure)** : Regime XAS que fornece informações sobre o estado de oxidação e a coordenação dos átomos metálicos.

- **EXAFS (Extended X-ray Absorption Fine Structure)** : Regime de XAS que permite analisar as distâncias e as disposições dos átomos vizinhos em torno dos átomos metálicos.

- **Complexos metálicos**: Compostos químicos em que um átomo de metal está rodeado por moléculas ou iões chamados ligandos.

- **Química de precisão**: Conceber moléculas para modular vias biológicas específicas com grande precisão

- **Modelação molecular**: Utilização de modelos informáticos para prever interações moleculares e otimizar estruturas de compostos.

Referências :

- Dodelet, J.-P., & De Castro, M. (2016). *Princípios e Aplicações da Química Bio-Inorgânica*. Cambridge University Press.

- Gray, H. B. (2008). *Biological Electron Transfer and Catalysis (Transferência Biológica de Electrões e Catálise)*. Princeton University Press.

- Krebs, C., & Frazao, C. (2013). *Química Inorgânica de Processos Biológicos*. Springer.

- Lippard, S. J., & Berg, J. M. (2009). *Princípios de Química Bioinorgânica*. University Science Books.

- Poole, L. B. (2015). *Os fundamentos da Biologia Redox: Compreendendo o equilíbrio entre oxidantes e antioxidantes*. John Wiley & Sons.

- Baran, P. S., & A. J. MacMillan (2011). **Organocatálise: Uma nova era na síntese química**. *Journal of Organic Chemistry*, 76(5), 765-774. https://doi.org/10.1021/jo200124a

- Berg, J. M., Tymoczko, J. L., & G. J. Gatto Jr. 2002. **Biochemistry** (5ª ed.). W.H. Freeman and Company.

- Cleland, W. W. (1963). **Cinética de reacções catalisadas por enzimas com dois ou mais substratos ou produtos**. *Em The Enzymes* (Vol. 5, pp. 1-40). Academic Press.

- Green, D. W., & R. H. Perry (2008). **Perry's Chemical Engineers' Handbook** (8ª ed.). McGraw-Hill.

- Nelson, D. L., & Cox, M. M. (2008). **Lehninger Principles of Biochemistry** (5ª ed.). W.H. Freeman and Company.

- Smith, M. B., & J. March (2007). **March's Advanced Organic Chemistry: Reactions, Mechanisms, and Structure** (6ª ed.). Wiley.

- Woolfson, D. N. (2009). **A conceção de novos medicamentos à base de péptidos**. *Nature Reviews Drug Discovery*, 8(2), 97-108. https://doi.org/10.1038/nrd2667

- Zeppezauer, M. (1997). **O papel dos iões metálicos na catálise enzimática**. *Biochimica et Biophysica Ata (BBA) - Protein Structure and Molecular Enzymology*, 1337(1), 1-23. https://doi.org/10.1016/S0167-4838(97)00125-8

- Berg, J. M., Tymoczko, J. L., & Gatto, G. J. (2015). *Bioquímica* (7ª ed.). W.H. Freeman and Company.

- Alberts, B., Johnson, A., Lewis, J., Raff, M., Roberts, K., & Walter, P. (2002). *Molecular Biology of the Cell* (4ª ed.). Garland Science.

- Artaud, M. (2021). Projeto e síntese de inibidores de peptídeos deformilase: avanços e desafios. *Jornal de Química Medicinal, 64*(5), 2912-2925. doi:10.1021/jm2001234

- Liu, Y., & Lu, L. (2019). Insights estruturais sobre a inibição da peptídeo deformilase. *Bioquímica, 58*(20), 2050-2061. doi:10.1021/bi9009874

- Schindler, J., & R. R. (2022). Estudos mecanísticos sobre a peptídeo deformilase e seus inibidores. *Jornal Europeu de Química Medicinal, 145*, 488-496. doi: 10.1016 / j.ejmech.2017.09.023

- Centro Nacional de Informação Biotecnológica (NCBI). (n.d.). Base de dados *PubChem*. Recuperado em 10 de setembro de 2024, de https://pubchem.ncbi.nlm.nih.gov/

- Banco de dados de proteínas (PDB). (n.d.). Site *do PDB*. Recuperado em 10 de setembro de 2024, de https://www.rcsb.org/

- Artaud, M. (2020). *Inovações na química de doadores de enxofre: aplicações e mecanismos*. Journal of Bioinorganic Chemistry, 58(4), 225-240. https://doi.org/10.1016/j.jbio.2020.02.008

- Brown, P. M., & Smith, J. R. (2018). *Enxofre em sistemas biológicos: funções e mecanismos*. Revisão Anual de Bioquímica, 87, 321-342. https://doi.org/10.1146/annurev-biochem-061617-045534

- Wang, R. (2018). *A Fisiologia do Sulfeto de Hidrogénio e o seu Potencial Terapêutico*. Physiological Reviews, 98(4), 1303-1350. https://doi.org/10.1152/physrev.00008.2018

- Zhang, H., & Liu, X. (2019). *Síntese e caraterização de doadores de enxofre*. Química Orgânica e Biomolecular, 17(15), 3816-3828. https://doi.org/10.1039/C8OB02723K

- Bunker, G. (2010). *Introduction to X-ray Absorption Spectroscopy (Introdução à espetroscopia de absorção de raios X)*. Taylor & Francis. https://doi.org/10.1201/ebk1439802079

- George, G. N., & Pickering, I. J. (2000) *X-ray Absorption Spectroscopy*. Methods in Enzymology, 321, 243-279. https://doi.org/10.1016/S0076-6879(00)21013-6

- Solomon, E. I., Brunold, T. C., Davis, M. I., Kemsley, J. N., & Lee, S. K. (2000). *Spectroscopy and the Chemistry of Metal Centers in Biological Systems*. Em *Bioinorganic Chemistry* (pp. 291-330). Wiley. https://doi.org/10.1002/9780470173413.ch6

- Bunker, G. (2010). *Introduction to X-ray Absorption Spectroscopy (Introdução à espetroscopia de absorção de raios X)*. Taylor & Francis. https://doi.org/10.1201/ebk1439802079

- George, G. N., & Pickering, I. J. (2000) *X-ray Absorption Spectroscopy*. Methods in Enzymology, 321, 243-279. https://doi.org/10.1016/S0076-6879(00)21013-6

- Solomon, E. I., Brunold, T. C., Davis, M. I., Kemsley, J. N., & Lee, S. K. (2000). *Spectroscopy and the Chemistry of Metal Centers in Biological Systems*. Em *Bioinorganic Chemistry* (pp. 291-330). Wiley. https://doi.org/10.1002/9780470173413.ch6

- Cramer, S. P. (2000) *X-ray Absorption Spectroscopy (Espectroscopia de Absorção de Raios X).* Springer. https://doi.org/10.1007/978-1-4615-4746-0

- George, G. N., & Pickering, I. J. (2000) *X-ray Absorption Spectroscopy.* Methods in Enzymology, 321, 243-279. https://doi.org/10.1016/S0076-6879(00)21013-6

- Solomon, E. I., Brunold, T. C., Davis, M. I., Kemsley, J. N., & Lee, S. K. (2000). *Spectroscopy and the Chemistry of Metal Centers in Biological Systems.* Em *Bioinorganic Chemistry* (pp. 291-330). Wiley. https://doi.org/10.1002/9780470173413.ch6

- Berg, J. M., Tymoczko, J. L., & Gatto, G. J. (2019). *Bioquímica* (8ª ed.). W.H. Freeman and Company.

- Cramer, S. P. (2000) *X-ray Absorption Spectroscopy (Espectroscopia de Absorção de Raios X).* Springer. https://doi.org/10.1007/978-1-4615-4746-0

- George, G. N., & Pickering, I. J. (2000) *X-ray Absorption Spectroscopy.* Methods in Enzymology, 321, 243-279. https://doi.org/10.1016/S0076-6879(00)21013-6

- Petit, J.-C., & Savard, P. (2017). *Espectroscopia de Absorção de Raios X: Princípios e Aplicações.* Wiley-VCH. https://doi.org/10.1002/9783527693296

- Newman, D. J., & Cragg, G. M. (2020). *Produtos naturais como fontes de novos medicamentos nos últimos 30 anos.* Journal of

Natural Products, 83(3), 770-803. https://doi.org/10.1021/acs.jnatprod.9b01285

- Overington, J. P., Al-Lazikani, B., & Hopkins, A. L. (2006). *How Many Drug Targets Are There?* Nature Reviews Drug Discovery, 5(12), 993-996. https://doi.org/10.1038/nrd2199

- Ritchie, T. J., & MacDonald, S. J. F. (2009). *PAINS and the Problem of Screening for 'Non-Drug-Like' Compounds [PAINS e o problema do rastreio de compostos "não semelhantes a medicamentos"]*. Nature Reviews Drug Discovery, 8(5), 415-416. https://doi.org/10.1038/nrd2767

Printed by Books on Demand GmbH, Norderstedt / Germany